Naveenchandra N. Srivastava
Vasaram H. Patel

Proposta de medidas de desenvolvimento económico para a sub-bacia hidrográfica do Vatrak

Naveenchandra N. Srivastava
Vasaram H. Patel

Proposta de medidas de desenvolvimento económico para a sub-bacia hidrográfica do Vatrak

ScienciaScripts

Imprint

Any brand names and product names mentioned in this book are subject to trademark, brand or patent protection and are trademarks or registered trademarks of their respective holders. The use of brand names, product names, common names, trade names, product descriptions etc. even without a particular marking in this work is in no way to be construed to mean that such names may be regarded as unrestricted in respect of trademark and brand protection legislation and could thus be used by anyone.

Cover image: www.ingimage.com

This book is a translation from the original published under ISBN 978-620-2-30881-6.

Publisher:
Sciencia Scripts
is a trademark of
Dodo Books Indian Ocean Ltd. and OmniScriptum S.R.L publishing group

120 High Road, East Finchley, London, N2 9ED, United Kingdom
Str. Armeneasca 28/1, office 1, Chisinau MD-2012, Republic of Moldova, Europe
Printed at: see last page
ISBN: **978-620-3-69287-7**

Copyright © Naveenchandra N. Srivastava, Vasaram H. Patel
Copyright © 2024 Dodo Books Indian Ocean Ltd. and OmniScriptum S.R.L publishing group

Sobre o autor: Vasaram H. Patel

Vasaram H. Patel é um chefe reformado (Divisão de Redes, SAC-ISRO, Ahmedabad, Índia). Foi também docente no BISAG (Instituto Bhaskaracharya de Aplicações Espaciais e Geo-informática, Gandhinagar, Gujarat, Índia). É especialista em gestão de sistemas informáticos, gestão de redes e aplicações espaciais. Ofereceu instrução, consultas e apoio aos estudantes. Tem um bacharelato em Engenharia Eletrónica e de Comunicações do I I Sc. (Instituto Indiano de Ciências, Bangalore). Vasaram H. Patel pode ser contactado em vasaramp@yahoo.com.

Sobre o autor: Naveenchandra N. Srivastava

Naveenchandra N. Srivastava trabalha atualmente como profissional independente na área da geoinformática e do ambiente. Anteriormente, foi professor assistente na área do ambiente no Centro de Energia, Ambiente, Governação Urbana e Desenvolvimento de Infra-estruturas do Administrative Staff College of India, em Hyderabad. Tem um doutoramento em Geologia de Engenharia do m Indian Institute of Technology - Roorkee, um mestrado em Geologia Aplicada do Indian Institute of Technology - Roorkee e um MBA do IGNOU. Qualificou-se no teste NET (Joint CSIR-UGC).

Naveenchandra N. Srivastava entrou para a ASCI em fevereiro de 2017. Anteriormente, trabalhou para o Instituto Bhaskakaracharya de Aplicações Espaciais e Geoinformática (BISAG), Departamento de Ciência e Tecnologia, Governo de Gujarat, como gestor de projectos. Trabalhou também na National Innovation Foundation, Ahmedabad, como investigador associado. No BISAG, a sua equipa geriu muitos projectos relativos ao DST (Governo da Índia), MPEDA, GSPC, NRSC, Governo de Gujarat, etc. Preparou e obteve a aprovação de muitas propostas de projectos. Foi destacado para o Instituto de Investigação Sismológica, Gandhinagar, com o objetivo de estabelecer o Instituto. A sua equipa desenvolveu muitos programas utilitários. Recebeu o prémio de melhor artigo da ISRMTT (Sociedade Indiana de Mecânica das Rochas e Tecnologia de Túneis). Esteve envolvido no desenvolvimento da estrutura e do programa de estudos do curso M. Tech. e do curso de Diploma PG em Geo-informática. Esteve também envolvido na preparação de documentos de visão, manuais ISO, relatório anual, planos de desenvolvimento de negócios, etc. Desempenhou um papel significativo na realização de cursos curtos/programas de formação, etc., no BISAG. Editou um livro intitulado "Emerging Trends in Open Source

Geographic Information Systems" (Tendências emergentes em sistemas de informação geográfica de fonte aberta) para uma editora sediada nos EUA, a IGI Global, uma editora internacional de investigação académica progressiva. Fez a revisão de muitos artigos. Este livro está disponível em https://www.igi-global.com/book/emerging-trends-open-source-geographic/186194

Tem experiência nas áreas de Geoinformática, Gestão de Recursos Naturais, Gestão de Projectos, Geologia de Engenharia, Investigação Geotécnica, Sismologia, Software de Código Aberto, Java, Gestão de Projectos, Auditoria ISO e ISMS, etc. Orientou muitos estudantes de licenciatura e de mestrado nos seus trabalhos de projeto/dissertação. Tem muitas publicações nacionais e internacionais a seu crédito.

Resumo

Este livro tem como objetivo dar a conhecer novos conceitos, pensamentos, ideias e métodos neste domínio. Apresenta colecções de capítulos informativos e relevantes sobre SIG de fonte aberta, que é uma área em constante evolução. A ideia é encorajar a utilização de software SIG de fonte aberta como espinha dorsal em vários projectos industriais e de investigação, com o objetivo de fornecer melhores soluções para os múltiplos desafios que a comunidade geoespacial de fonte aberta enfrenta atualmente. Os dez capítulos deste livro pretendem resumir os progressos recentes e identificar as principais questões de investigação relativas às aplicações e ao desenvolvimento de ferramentas SIG de fonte aberta. O objetivo deste livro é ilustrar as principais questões e desafios relativos ao SIG de fonte aberta.

No capítulo 1, os autores apresentam uma panorâmica dos dados e operadores geoespaciais fornecidos através da rede por meio de serviços geográficos distribuídos e partilhados. Exploram a possibilidade de interação ativa através de sistemas de informação geográfica e de geo-serviços. O atual software GIS proporciona uma comunicação mais rápida e fácil, bem como promove comunidades de colaboração no âmbito da GeoWeb 2.0.

No Capítulo 2, o autor examina os critérios de avaliação que permitem aos criadores, investigadores e utilizadores de SIG selecionar o software SIGG adequado para satisfazer os seus requisitos de análise e conceção de aplicações geoespaciais em domínios multidisciplinares. Este capítulo destaca a importância dos critérios de avaliação, seguido de uma explicação de cada critério e do seu significado com exemplos de software SIGO existente.

No Capítulo 3, os autores introduzem conceitos geoespaciais fundamentais, juntamente com dados e ferramentas acessíveis e económicos que apoiam o ensino do desenvolvimento e das competências geoespaciais. Além disso, utilizando três cenários, o capítulo explora a forma como os aspectos fundamentais podem ser aplicados a diferentes contextos para fins educativos. Finalmente, os autores examinam a importância dos conceitos e competências geoespaciais no desenvolvimento profissional, bem como em diferentes comunidades e em vários domínios de estudo.

No capítulo 4, o autor adopta uma posição neutra para discutir a relação entre a Esri e a comunidade de software de fonte aberta. O capítulo aborda vários aspectos da Esri e do software de fonte aberta, incluindo o R- bridge. Além disso, o autor aborda outros tópicos de software de fonte aberta, incluindo servidores de geoportais e Geopackage, fornecendo descrições e referências para um estudo mais aprofundado.

No capítulo 5, os autores centram-se nos dados espaciais e na extração de dados espaciais, incluindo aspectos como os diferentes tipos de dados, os diferentes métodos de análise, as diferentes técnicas de extração e outros tópicos relacionados. O capítulo explora várias abordagens para analisar dados espaciais em relação à longitude e latitude, bem como outros atributos envolvidos na descrição de objectos através de diferentes técnicas de extração de dados.

No capítulo 6, os autores estudam três áreas dos sistemas de informação geográfica na gestão dos recursos hídricos, incluindo o efeito do modelo de elevação digital e da resolução nos parâmetros hidro-geomorfológicos extraídos, o efeito do método de remoção de ruído baseado em wavelets nos parâmetros hidro-geomorfológicos extraídos e a determinação da dimensão óptima das células para extrair atributos topográficos com concordância com as caraterísticas. No Capítulo 7, os autores analisam as diferentes estruturas de índices híbridos e os mecanismos de pesquisa para extrair objectos espaciais, os diferentes modelos de classificação que suportam e as caraterísticas de desempenho. O capítulo destaca técnicas em sistemas de bases de dados espaciais e abordagens emergentes para utilizar capacidades geoespaciais para melhorar a consulta textual.

No Capítulo 8, os autores examinam as possibilidades que emergem da integração de sistemas de informação geográfica gratuitos e de código aberto e o seu papel na melhoria dos ecossistemas ribeirinhos. O capítulo destaca a utilização de sistemas de informação geográfica para fornecer informações completas sobre todos os recursos hídricos através de interfaces geo-visuais em linha.

No capítulo 9, os autores analisam os métodos que permitem aumentar o valor dos mapas impressos ou em papel, adicionando-lhes códigos QR com conteúdos multimédia colocados na nuvem. O capítulo examina a utilização de códigos QR na criação de inventários, no controlo de produtos e na gestão de documentos, uma vez que podem proporcionar uma maior capacidade de armazenamento e uma leitura mais rápida.

Espero que os leitores considerem os capítulos deste livro interessantes. Este livro deverá servir como uma referência útil para a comunidade SIG de código aberto.

Naveenchandra N. Srivastava   (Hyderabad, Estado de Telangana, Índia)

CONTEÚDO

Prefácio

Este livro descreve a variação dos parâmetros ambientais locais, ou seja, a precipitação e as águas subterrâneas, bem como a extensão da área agrícola relativa à sub-bacia hidrográfica do Vatrak. O Vatrak, um afluente do rio Sabarmati, é um rio de sequeiro. Corre durante o período das monções do sudoeste. A parte norte da área de estudo é elevada. O vale do rio é largo. Aqui, a visualização de dados foi efectuada utilizando a tecnologia geoespacial. O NDVI (Normalized difference vegetation index) foi utilizado para estimar a extensão da área agrícola. Foram tiradas conclusões utilizando os resultados da visualização de dados ambientais em 2-D (bidimensional), 3-D (tridimensional) e 4-D (quadridimensional) baseada em geo-informática. A maior parte da sociedade na área de estudo depende da agricultura e da criação de gado leiteiro. Ao longo dos anos, a competição pela água entre a agricultura, a indústria e o uso doméstico tem aumentado significativamente. A avaliação multi-critérios foi utilizada para identificar locais potenciais para a estrutura de captação de água. As medidas de desenvolvimento económico da área de estudo foram sugeridas com base na visualização da área de estudo.

Capítulo 1fornece pormenores básicos sobre o rio Vatrak e a sub-bacia hidrográfica do Vatrak. Descreve também a economia, a topografia, a drenagem, o clima e a fisiografia da área de estudo.

Capítulo 2 apresenta as caraterísticas da sub-bacia hidrográfica do Vatrak, ou seja, a forma, a área, a direção do fluxo, a direção do declive, o padrão de drenagem, a extensão espacial e a distribuição das estações de medição.

Os capítulos 3   e o Capítulo 4 consistem em pormenores relativos à localização dos poços de observação das águas subterrâneas e às caraterísticas da sub-bacia hidrográfica do Vatrak.

O capítulo 5 menciona vários componentes da base de dados.

No capítulo 6, é dada ênfase à metodologia do presente trabalho.

No Capítulo 7, discute-se a visualização 2-D, 3-D e 4-D baseada em geo-informática e a análise de parâmetros ambientais para estimar a variação temporal do GeoVolume (volume saturado de água).

No capítulo 8, foi apresentada a avaliação multi-critérios da sub-bacia hidrográfica de Vatrak. Foi efectuada para a identificação de locais potenciais para estruturas de captação de água.

No Capítulo 9, foram discutidos vários locais potenciais para estruturas de captação de água, ou seja, barragem de retenção, nala plug, bori bund, etc.

No capítulo 10, foram apresentadas as inferências retiradas da visualização abrangente baseada na geo-informática de dados ambientais relativos à sub-bacia hidrográfica de Vatrak.

Capítulo 11   consiste em medidas sugeridas para o desenvolvimento económico da área de estudo.

Capítulo 12   apresenta uma síntese do presente trabalho.

Capítulo 13   descreve o âmbito futuro do presente trabalho.

Palavras-chave: Agricultura, NDVI, ambiente, bacia hidrográfica, sub-bacia hidrográfica, estrutura de recolha de água, SIG, GeoVolume, área saturada de água, águas subterrâneas, utilização do solo, cobertura do solo, mapa, precipitação, recursos hídricos, gestão, visualização, dados, vedação de explorações agrícolas, recursos naturais, avaliação multicritério, MCE, Sabarkantha, tecnologia geoespacial, Economia, Vatrak, Gujarat, Geo-informática, Deteção Remota, Imagem de Satélite, Índia, Espacio-temporal, drenagem, vale fluvial largo, topografia, massas de água, estações pluviométricas, vegetação, nível de água antes da monção, nível de água depois da monção, 2-D (bidimensional), 3-D (tridimensional), 4-D (quadridimensional), agricultores, aldeia

CAPÍTULO 1

1. Introdução

O rio Vatrak nasce no distrito de Dungarpur do Rajastão (http://www.indianetzone.com/4/sabarmati_river.htm). A área total da sub-bacia hidrográfica do Vatrak é de 578,38 km^2 . A área de estudo situa-se no distrito de Sabarkantha (Gujarat, Índia). A sede administrativa do distrito de Sabarkantha é Himmatnagar, a cerca de 80 km de Ahmedabad. O distrito de Sabarkantha faz fronteira com o estado de Rajasthan a nordeste, com os distritos de Banaskantha e Mehsana a oeste, com os distritos de Gandhinagar e Kheda a sul e com o distrito de Panchmahal a leste.

O Vatrak é um rio de sequeiro e é um afluente do rio Sabarmati. Devido à baixa pluviosidade, a bacia do rio Sabarmati tem um dos mais baixos potenciais de riqueza hídrica da Índia. A bacia é altamente explorada em termos de recursos hídricos. A área de estudo situa-se na região quente e semi-árida do norte de Gujarat (Fig. 1, página n° 21). Topograficamente, a área do distrito de Sabarkantha é ondulada. Geologicamente, a área compreende vários tipos de formações rochosas, tais como basalto, aluvião, quartzito, filito, xisto, arenito, etc.

O rio Vatrak entra no distrito de Sabarkantha perto da aldeia Moyedi de Meghraj taluka e corre na direção sudoeste do distrito. Juntam-se-lhe o rio Mazum e outros cursos de água. Após um percurso de 243 km, cai no rio Sabarmati perto de Dholka (distrito de Ahmedabad). Antes de entrar no distrito, percorre uma distância de cerca de 29 km em Rajasthan. O seu comprimento total é de cerca de 84 km no distrito.

1.1 Economia da zona de estudo

A zona de estudo é essencialmente uma zona agrícola. As culturas predominantes são o algodão e o trigo. As outras culturas mais importantes são a batata, o milho, as sementes oleaginosas, etc. Dado que as monções continuam a ser irregulares, a gestão dos recursos hídricos requer mais atenção. A escassez de mão de obra é uma preocupação séria. O desenvolvimento agrícola é afetado por esta situação. A maior parte das terras agrícolas na zona da bacia hidrográfica é de sequeiro. Para além da agricultura, a produção de leite é a atividade económica mais importante. Tempestades de granizo, ataques de pragas, inundações, seca, etc. são os outros factores que afectam a economia (Distrito de Sabarkantha,

2016-17). A bauxite, a areia de sílica e a argila são produzidas em grandes quantidades. Assim, abriram-se novas perspectivas para as indústrias da loiça, dos tijolos finos, dos azulejos e do vidro. O sector químico, a transformação de alimentos, os produtos de madeira e as indústrias de azulejos vitrificados são os sectores industriais de pequena escala. Para os sistemas financeiros locais, estes sectores são importantes pilares de apoio (Economy of Sabarkantha District, 2008). Os principais produtos florestais são o mel, as folhas de Tendu, as folhas de Khakhara, as sementes e flores de Mahuwa, as sementes de Neem, o bambu, as sementes de puhar, as ervas medicinais, etc. (Brief Industrial Profile of Sabarkantha District, sem data).

1.2 Topografia

A área de estudo é caracterizada por um amplo vale fluvial (Fig. 2, pág. 22) e uma zona elevada na parte norte (Fig. 3, pág. 23). Trata-se de uma paisagem mista. A parte NE da área de estudo é constituída por colinas, enquanto a parte SW é relativamente plana. O ponto de elevação mínima na área de estudo é de 23 m. O ponto de elevação máxima é de 200 m. A área pertencente à margem esquerda do rio é relativamente menos íngreme. A topografia é mais ondulada na margem direita. Na barragem de Vatrak, o vale do rio alarga-se a montante.

1.3 Drenagem

A área é drenada pelo rio Vatrak, que corre para sudoeste, e pelos seus afluentes (Fig. 4, página nº 24). O caudal dos cursos de água nestas regiões limita-se, na sua maioria, à estação das chuvas. Os cursos de água são pequenos e médios. O comprimento total do rio Vatrak na sub-bacia hidrográfica é de 43 km.

1.4 Clima

O clima é caracterizado por uma secura geral, exceto na estação das monções do sudoeste, e por um verão quente. A área de estudo tem um clima subtropical de monção com três estações, a monção (kharif, entre finais de junho e outubro), a Rabi (novembro a fevereiro), mais fresca e seca, e a estação quente de verão (março a meados de junho). A precipitação ocorre nos meses de monção. A área de estudo recebe grande parte da sua precipitação da monção do sudoeste. A sua intensidade máxima ocorre nos meses de julho e agosto. A taxa de evaporação é mais elevada durante os meses de abril a junho, devido à subida acentuada da temperatura e ao aumento da velocidade do vento. Os ventos são geralmente ligeiros a moderados, aumentando de intensidade durante o final do verão e a estação das monções.

Temperatura - As temperaturas aumentam regularmente a partir de fevereiro. maio e o início de junho constituem a parte mais quente do ano. O tempo é muito quente e opressivo na parte final da estação estival e o vento abrasador carregado de poeira, que é uma caraterística comum em muitos dias, torna o clima muito desconfortável. Os aguaceiros da tarde que ocorrem em alguns dias trazem um alívio bem-vindo do calor, embora apenas temporariamente. Com o avanço da monção, em meados de junho, a temperatura diurna desce consideravelmente, mas a noite continua a ser quente, quase tanto como na parte final do verão. Por volta do final de setembro, a monção retira-se do distrito, a temperatura diurna começa a aumentar e um segundo máximo nas temperaturas diurnas é atingido em outubro. No entanto, as noites tornam-se progressivamente mais frias. janeiro é geralmente o mês mais frio. Em associação com a passagem pelo norte da Índia de uma perturbação ocidental durante a estação fria, a área de estudo é afetada por ondas de frio (District Gazetteer, Sabarkantha).

Humidade - Exceto durante a estação das monções do sudoeste, em que a humidade relativa é geralmente elevada, o ar é seco. O verão é a estação mais seca do ano, quando a humidade relativa à tarde é da ordem dos 20 por cento.

1.5 Fisiografia

Fisiograficamente, a área de estudo pode ser dividida em duas zonas: a parte NE relativamente elevada e as planícies. As planícies estão confinadas a SW (Fig. 3, página nº 23).

CAPÍTULO 2

2. Caraterísticas da sub-bacia hidrográfica do Vatrak

Sub-bacia hidrográfica n.º 5F2C2 (de acordo com as fases de delimitação indicadas no Watershed Atlas of India, All India Soil and Landuse Survey, Departamento de Agricultura e Cooperação, Ministério da Agricultura, Governo da Índia, Nova Deli, setembro de 1960).

Forma - Feto

Área - 578,38 km²

Direção da inclinação - SW (Fig. 3, página n° 23)

Direção do fluxo - SW (Fig. 4, página n° 24)

Padrão de drenagem - Dendrítico (Fig.4, página n° 24)

Vale do rio - largo (Fig. 2, página n° 22)

Extensão espacial - 184 aldeias, 7 Talukas

Distribuição das estações de medição (dentro e em redor da sub-bacia hidrográfica):

Para a medição da precipitação - sete estações de medição (Fig. 5, página 25)

Nomes de locais: Betawada, Ambaliyara, Vadagam, Bayad, Bhempoda (barragem de Vatrak), Modasa, Volva (barragem de Mazam)

CAPÍTULO 3

3. Localização dos poços de observação das águas subterrâneas

Existe um total de 14 poços de observação de águas subterrâneas na área de estudo. Estes estão dispersos pela área de estudo (Fig. 6, página nº 26). Existem dois poços na área pertencente à margem esquerda do rio. Os restantes poços encontram-se na zona da margem direita do rio.

CAPÍTULO 4

4. Projeto de recursos hídricos de Vatrak

Os pormenores do Projeto de Recursos Hídricos de Vatrak são apresentados em https://goo.gl/AjhiXS (acedido em 7 de junho de 2017)

CAPÍTULO 5

5. Componente da base de dados

Os seguintes tipos de dados foram estudados no âmbito da investigação do projeto:

Dados ambientais

-	Drenagem

-	Massas de água

-	Chuva

-	Nível das águas subterrâneas

Dados sobre recursos naturais

-	Utilização e ocupação do solo

CAPÍTULO 6

6. Metodologia

A metodologia está resumida no fluxograma (Fig. 7, página nº 27). Consiste na visualização de dados ambientais e agrícolas, bem como na geração de imagens NDVI.

A visualização foi efectuada em ambiente GIS. Consiste na visualização 2 D, 3 D e 4 D dos dados acima referidos. A visualização fornece o meio mais dominante para tratar a informação geoespacial para processos de descoberta de conhecimentos.

Com base na visualização dos dados ambientais, foram feitas várias inferências. Estas são o resultado do presente trabalho.

CAPÍTULO 7

7. Visualização e análise de parâmetros ambientais com base em geo-informática 2-D (duas dimensões), 3-D (três dimensões) e 4-D (quatro dimensões)

7.1 Cartografia do uso e cobertura do solo/visualização 2-D

A utilização do solo é um parâmetro importante que afecta o escoamento superficial. No presente estudo, os dados do satélite IRS LISS III de duas épocas (representando duas épocas de cultivo) são utilizados para a criação de categorias de utilização do solo.

Na área de estudo, foram identificadas 5 classes de uso do solo, nomeadamente agricultura, floresta, terrenos baldios, construções e massas de água (Fig. 8, página n° 28, Tabela 1, página n° 18). A agricultura é o uso dominante do solo na área de estudo (Fig. 9, página n° 29; Tabela 1, página n° 18). A agricultura é tanto de sequeiro como de regadio. O processo de desenvolvimento agrícola foi acelerado após a integração dos principados e propriedades em 1948 e a implementação dos "Planos Quinquenais" (District Gazetteer, Sabarkantha). O cultivo desempenha um papel significativo na economia da área de estudo. Da visita ao terreno, conclui-se que os poços continuam a ser a principal fonte de irrigação na zona de estudo. O cultivo de culturas de rendimento, como o amendoim, o algodão, etc., tem vindo a aumentar. As principais culturas atualmente cultivadas incluem o milho, o bajri, o trigo, o arroz e o jowar (kharif), entre as culturas alimentares, e o amendoim e o algodão, entre as culturas não alimentares. As culturas da kharif são o algodão, o amendoim, o bajari, o milho e o arroz. O cultivo de culturas de verão depende da disponibilidade de água de irrigação. A bajra é a principal cultura de verão. A estação Rabi (inverno) começa geralmente em outubro e a principal cultura rabi é o trigo. Outras culturas rabi são a mostarda e a grama. Para além das culturas arvenses, é comum o cultivo de forragens e de produtos hortícolas. As principais culturas frutícolas são a manga, a banana, a papaia, a baga, etc.

7.2 Precipitação

A precipitação total anual para o ano 2004-2009 é apresentada na Fig. 10, página no. 30; Tabela 2, página no. 18. A precipitação máxima registou-se no ano 2006. A precipitação mínima registou-se no ano de 2008. A precipitação mensal total para o ano 2004-2009 é mostrada na Fig. 11 (página nº 31). julho e agosto são os meses de precipitação máxima. Enquanto junho e outubro são os meses de precipitação mínima. julho de 2007 é o mês de maior precipitação. Para o período 2004 - 2009, a precipitação máxima foi de 1688,5 mm no ano 2006, enquanto a precipitação mínima foi de 659,3 mm no ano 2008.

7.3 Visualização 3-D e 4-D baseada em geo-informática da variação temporal do GeoVolume (volume saturado de água)

A variação temporal do GeoVolume de 2004 a 2009 é mostrada nas Fig. 12 a (página nº 32), Fig. 12 b (página nº 33), Fig. 12 c (página nº 34), Fig. 12 d (página nº 35), Fig. 12 e (página nº 36), Fig. 12 f (página nº 37) e Fig. 13 (página nº 38). Os resultados indicam que há uma diminuição global do GeoVolume de 2004 a 2009.

7.4 Estimativa dos valores NDVI para conhecer a extensão da área agrícola

O índice de vegetação de diferença normalizada (NDVI) foi utilizado para mostrar alterações temporais no vigor da vegetação. Os valores NDVI foram classificados e a área pertencente à classe 0,3 - 0,4 e >0,4 foi calculada. Os resultados indicam que a área agrícola pós-monção é elevada em comparação com a pré-monção. Há um aumento na área vegetada pré-monção e pós-monção de 2004 a 2009 {Fig. 14 a (página nº 39), Fig. 14 b (página nº 40), Fig. 14 c (página nº 41), Fig. 14 d (página nº 42), Fig. 14 e (página nº 43), Fig. 14 f (página nº 44), Fig. 14 g (página nº 45) e Fig. 14 h (página nº 46)}. A variação temporal do NDVI é mostrada na Fig. 15 (página no. 47) e na tabela 3 (página no. 19).

CAPÍTULO 8

8. Avaliação multi-critérios da sub-bacia hidrográfica de Vatrak para identificação de locais potenciais para estruturas de captação de água

Foi feita uma tentativa de avaliar a sub-bacia hidrográfica quanto à adequação do local das estruturas de captação de água. Com base numa avaliação multicritério baseada na geoinformática, foram identificados diferentes locais adequados para várias estruturas de captação de água, nomeadamente barragens de controlo, nala plugs, bori bund, etc. O conhecimento das caraterísticas da precipitação numa determinada área é um dos pré-requisitos para a conceção de um sistema de recolha de água. Foram utilizados os seguintes critérios para tomar decisões sobre a seleção de potenciais locais adequados para várias estruturas de captação de água:

-       A precipitação na sub-bacia hidrográfica deve ser preferencialmente inferior a 1000 mm / ano (http://cgwb.gov.in/documents/Manual%20on%20Artificial%20Recharge%20of%20 Ground%20Water.pdf).

-       O leito da corrente deve ter uma largura de 5 a 15 m.

-       A área   a jusante deve ter terras irrigáveis sob   irrigação

        .

-       As rochas/solos expostos na zona de alagamento devem ser adequadamente permeáveis

-       A utilização do solo   pode ser agrícola.

-       O declive   deve ser inferior a 15 por cento.

-       A profundidade do nível da água na zona deve permanecer mais de 3 m abaixo do nível do solo durante o período pós-monção.

-       As rochas macias (porosas e permeáveis) são mais preferidas para estruturas de recolha de água.

-       As rochas duras com juntas, cisalhamentos e fracturas, atravessadas por falhas e lineamentos, são mais preferidas.

-       Deve preferir-se um solo do tipo franco-argiloso.

-       Os cursos de água de 2ª e 3ª ordem são preferíveis para a construção de barragens de retenção.

-	As correntes de 1ª e 2ª ordem são preferidas para a construção de boribundo e nala-
	ficha.

CAPÍTULO 9

9. Identificação de locais para potenciais estruturas de recolha de água

Foram identificados 128 locais potenciais de barragens de controlo, 149 locais potenciais de nala plug e 393 locais de bori bund com base na MCE (avaliação multi-critérios), (Fig. 16, página nº 48). De acordo com a MCE, os sítios potenciais estão localizados em cursos de água de baixa ordem. Os sítios estão distribuídos por toda a sub-bacia hidrográfica.

CAPÍTULO 10

10. Inferências

Considerando a visualização abrangente 2-D, 3-D e 4-D baseada em geo-informática dos dados ambientais relativos à sub-bacia hidrográfica de Vatrak, foram tiradas as seguintes conclusões:

- Durante o período de 2004 a 2009, registou-se uma diminuição global da precipitação.

Entre 2004 e 2009, registou-se uma diminuição significativa das águas subterrâneas disponíveis

- A área agrícola pós-monção é elevada em comparação com a pré-monção. Ambas registam um aumento de 2004 a 2009.

- No ano 2006, regista-se a maior precipitação anual

- A agricultura é a utilização dominante do solo

- A densidade de drenagem é maior a norte da corrente principal do rio Vatrak, o que é corroborado pela erosão relativamente mais elevada dos solos na parte norte.

- As águas subterrâneas seguem geralmente a topografia. O fluxo sub-superficial é em direção a SW.

- A precipitação máxima anual registou-se em 2006, enquanto a precipitação mínima se registou em 2008.

- Potenciais estruturas de captação de água Os locais estão a ser distribuídos por toda a sub-bacia hidrográfica.

  - O aumento da extensão da área agrícola conduzirá a um aumento da concorrência entre a agricultura, a indústria e o uso doméstico.

CAPÍTULO 11

11. Medidas sugeridas para o desenvolvimento económico da área de estudo

- Dado o aumento da área agrícola, a irrigação por aspersão deve ser incentivada.

- Para aumentar a produção e a produtividade agrícola, deve ser praticada uma agricultura de precisão, a mecanização e uma gestão eficaz das doenças e das pragas.

- Juntamente com a diminuição da precipitação, o nível das águas subterrâneas também está a descer na área de estudo. Por isso, é necessário incentivar os agricultores a poupar água. Isto pode ser feito através da escolha de um padrão de cultivo adequado. A humidade do solo tem de ser conservada. Isso ajudará a alcançar o objetivo de "mais colheita por gota".

- O aumento da área agrícola proporciona mais oportunidades para o cultivo de forragens.

- É necessário aumentar as instalações de armazenamento dos produtos agrícolas.

- O mercado agrícola local, apoiado por instalações de armazenamento, deve ser alargado. Para o agricultor, esta medida garantirá uma proteção eficaz dos preços.

- Devem ser envidados esforços no sentido de aumentar a formação de capital em vários sectores, ou seja, agro, lacticínios e transformação de alimentos, mecanização agrícola, armazéns rurais, etc.

- Promover a 'construção de muros de proteção/cercas agrícolas' para as áreas agrícolas devido ao aumento da área agrícola. Esta deve ser uma iniciativa baseada na comunidade com as margens de florestas e rios próximos. Isto ajudará a evitar a ameaça de animais selvagens, como o sino azul, o porco selvagem, etc. Estes animais são perigosos para as culturas e as sementes plantadas. A iniciativa baseada na comunidade será muito económica. Este é um requisito importante para o desenvolvimento agrícola.

CAPÍTULO 12

12. Resumo

Verifica-se uma diminuição significativa da precipitação e das águas subterrâneas durante o período de 20042009. Durante o mesmo período, a extensão da agricultura aumentou. A tecnologia geoespacial desempenhou um papel fundamental na visualização e análise de dados ambientais em 2-D, 3-D e 4-D. Com base no presente estudo, foram sugeridas várias medidas para o desenvolvimento económico, ou seja, irrigação por aspersão, agricultura de precisão, conservação da humidade do solo, instalações de armazenamento para produtos agrícolas, construção de muros de proteção/cercas agrícolas, formação de capital, cultivo de forragens, etc.

CAPÍTULO 13

13. Âmbito de aplicação futuro

-	A compilação e a visualização 2-D, 3-D e 4-D dos dados sobre os recursos hídricos e outros recursos naturais podem ser efectuadas durante um período mais longo em ambiente SIG (a duração dos dados para o presente trabalho é de 2004 a 2009).

-	O presente trabalho pode ser reproduzido noutras bacias hidrográficas.

-	Com a disponibilidade de mais dados sobre a água e os recursos naturais, os resultados do estudo podem ser refinados para uma melhor geo-visualização e inferências. Também ajudará no planeamento e gestão dos recursos hídricos de acordo com as necessidades das agências utilizadoras.

Agradecimentos

Os autores exprimem a sua gratidão ao ASCI (Administrative Staff College of India), Hyderabad e ao BISAG (Bhaskaracharya Institute for Space Applications and Geoinformatics), Gandhinagar, Gujarat, Índia, pelo apoio necessário à publicação deste trabalho. O financiamento do projeto pelo NRDMS (Sistema de Gestão de Dados sobre Recursos Naturais), Departamento de Ciência e Tecnologia (Governo da Índia) é reconhecido com gratidão.

Declaração de exoneração de responsabilidade: Os mapas apresentados no presente documento têm um carácter meramente indicativo. Os mapas não estão à escala. Os limites externos nos mapas não são autenticados. A fonte de dados para vários parâmetros ambientais é a GWRDC (Gujarat Water Resource Development Corporation), Gandhinagar, Gujarat.

Referências

Distrito de Sabarkantha   ,   2016-17   ,
https://www.nabard.org/demo/auth/writereaddata/tender/2110160622PLP%202016-
2017%20Sabarkantha.split-and-merged.pdf

Economia   do distrito de Sabarkantha   ,   2008.
http://www.indianetzone.com/49/economy_sabarkantha_district.htm

Brief Industrial Profile of Sabarkantha District, sem data.
http://dcmsme.gov.in/dips/DIP%20SK.pdf

Tabelas

Quadro 1:   Pormenores do mapa de uso e ocupação do solo

No.	Landuse and Land Cover	Area (km²)	% Area
1	Agricultural	423.45	73.21
2	Built Up	5.82	1.01
3	Forest	77.58	13.41
4	Wastelands	42.48	7.34
5	Water bodies	29.05	5.02
Total		578.38	100.00

Tabela 2:   Dados de precipitação para o período de 2004 a 2009

Sr. No.	Year	Rainfall (mm)
1	2004	878.7
2	2005	1085.9
3	2006	1688.5
4	2007	1267.7
5	2008	659.3
6	2009	729.5

Tabela 3:   Variação temporal do NDVI

	Pre-Monsoon (Area in km²)		Post-Monsoon (Area in km²)	
Year	NDVI: 0.3-0.4	NDVI: >0.4	NDVI: 0.3-0.4	NDVI: >0.4
2004	2.022912	0.509184	41.43168	4.010112
2005	4.133376	0.251136	119.051712	79.290432
2008	105.5264	32.81824	323.923712	147.733824
2009	79.710848	40.040448	166.643904	369.160512

Números

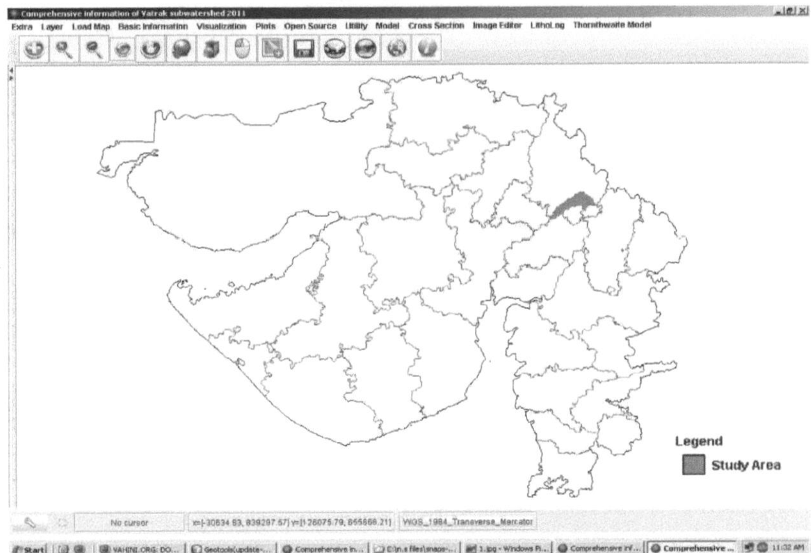

Fig. 1 Mapa de localização da área de estudo (sub-bacia hidrográfica de Vatrak, distrito de Sabarkantha, Gujarat, Índia)

Fig. 2 Amplo vale fluvial (rio Vatrak)

Fig. 3 Topografia da área de estudo

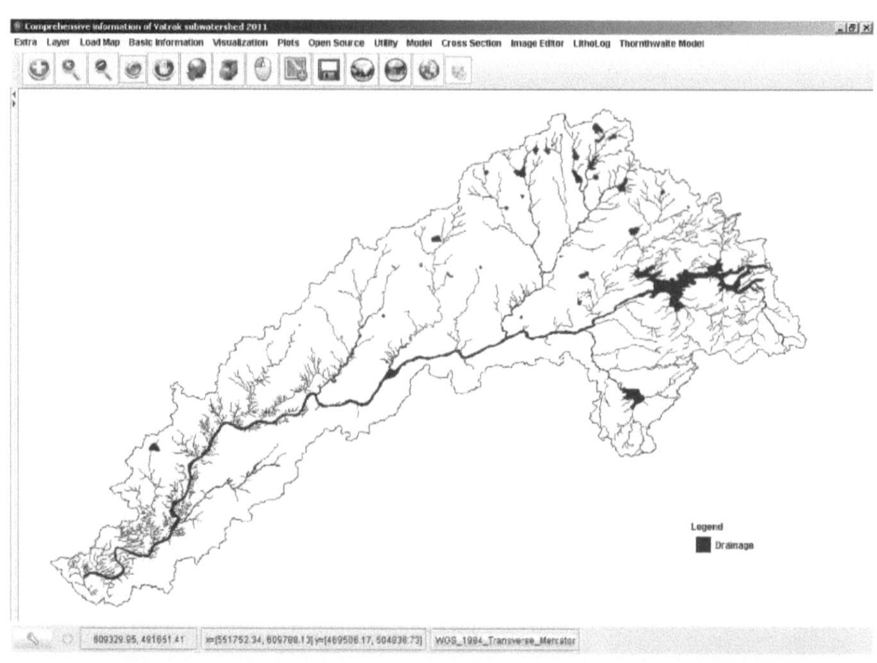

Fig. 4 Mapa de drenagem e massas de água

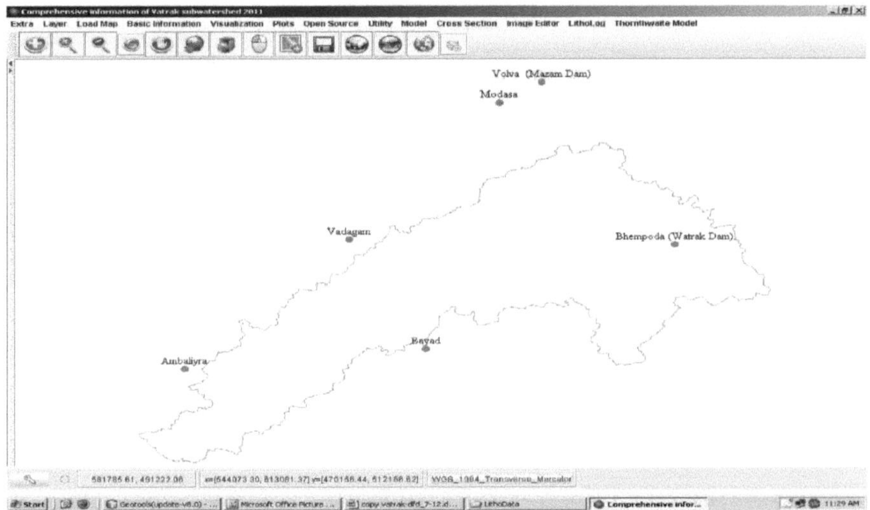

Fig. 5 Localização das estações pluviométricas

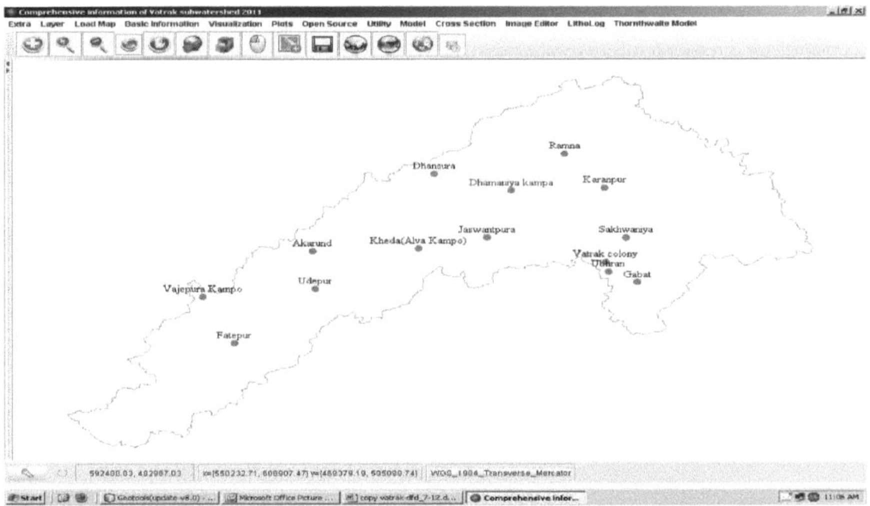

Fig. 6 Localização dos poços de observação das águas subterrâneas

31

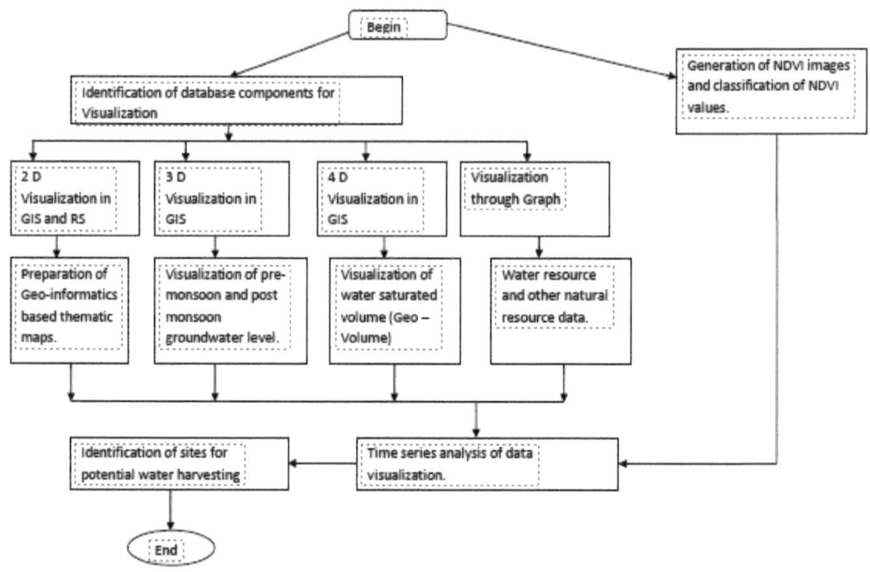

Fig. 7 Metodologia do presente trabalho

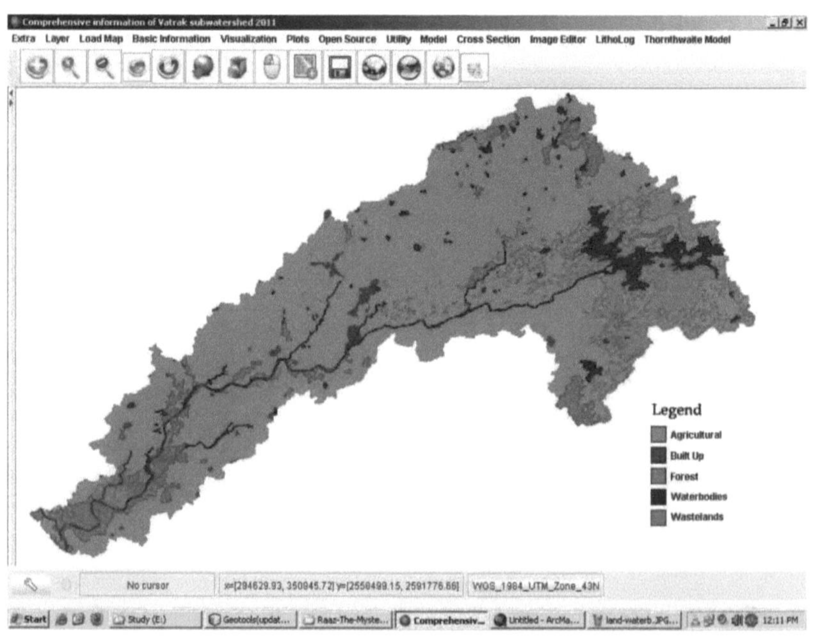

Fig. 8 Mapa de utilização do solo da área de estudo

Fig. 9 Campos agrícolas e vegetação na área de estudo

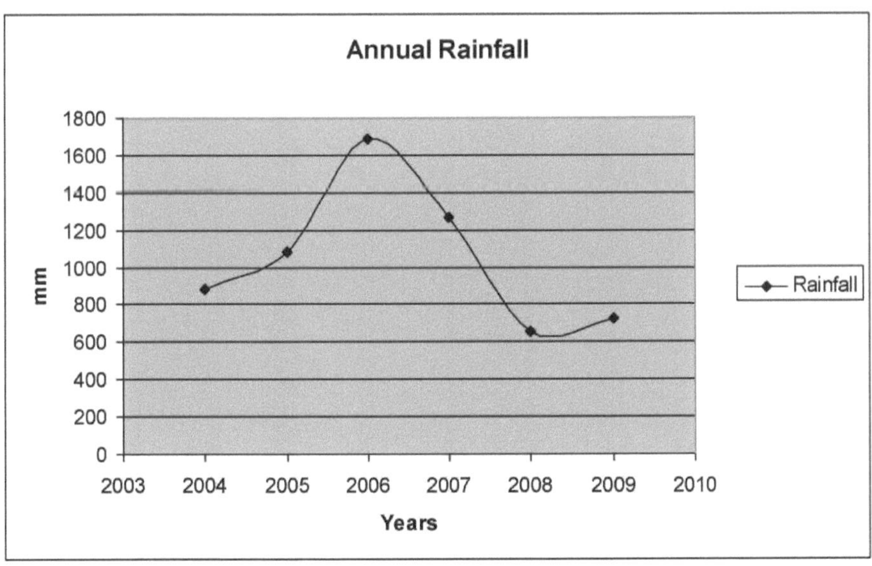

Fig. 10 Precipitação total anual

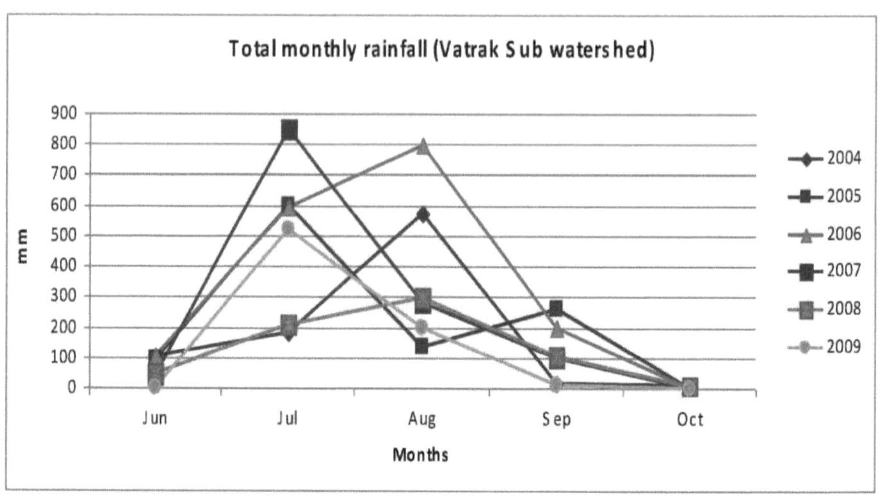

Fig. 11 Precipitação mensal total

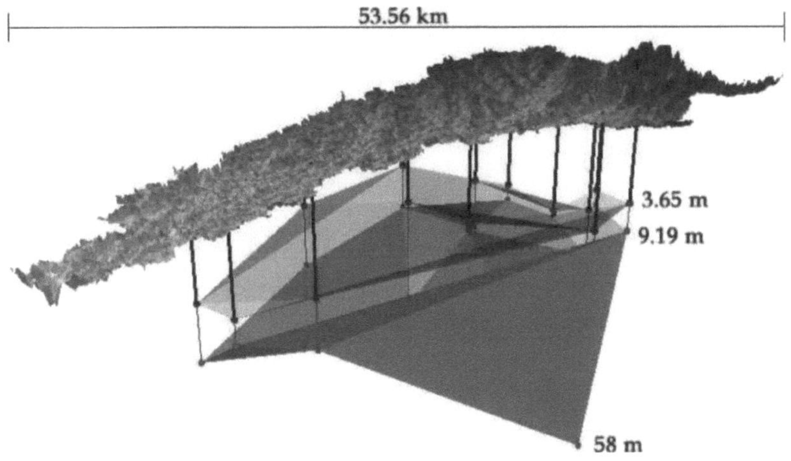

Volume saturado de água

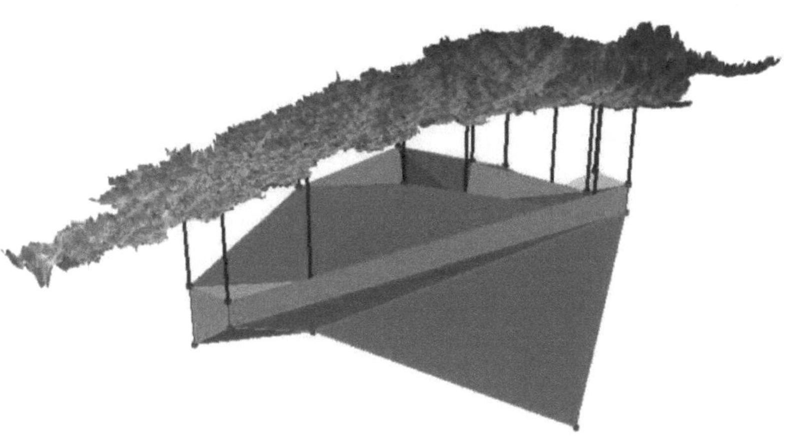

Fig. 12 a. Visualização 4 D do nível de água pré-monção e pós-monção / GeoVolume (volume saturado de água) para o ano de 2004

Nível de água subterrânea pré-monção - pós-monção

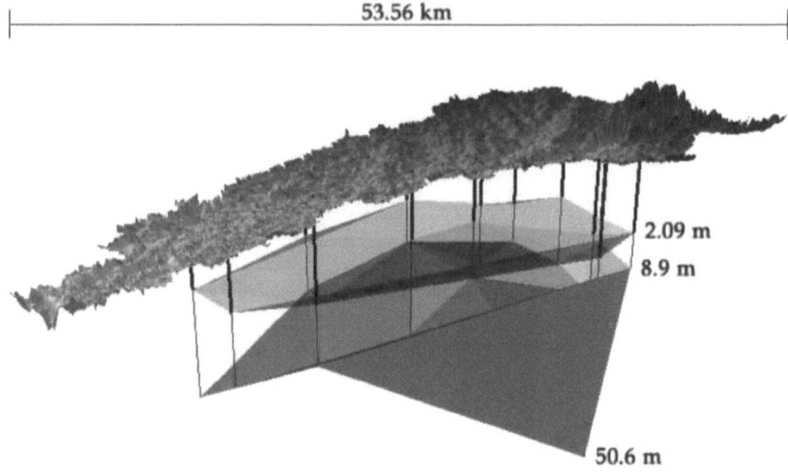

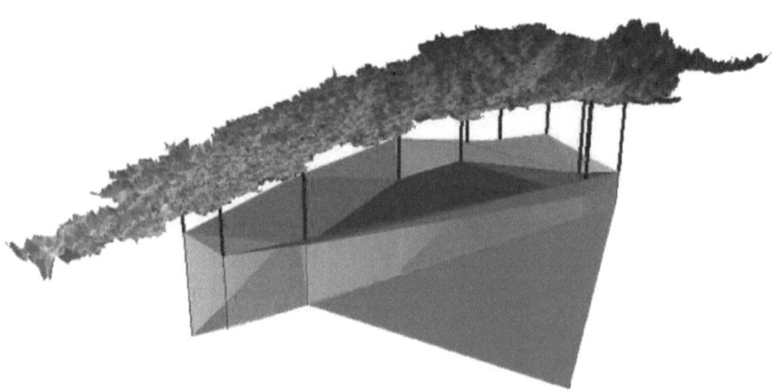

Fig. 12 b. Visualização 4 D do nível de água pré-monção e pós-monção / GeoVolume (volume saturado de água) para o ano de 2005

Nível de água subterrânea pré-monção - pós-monção

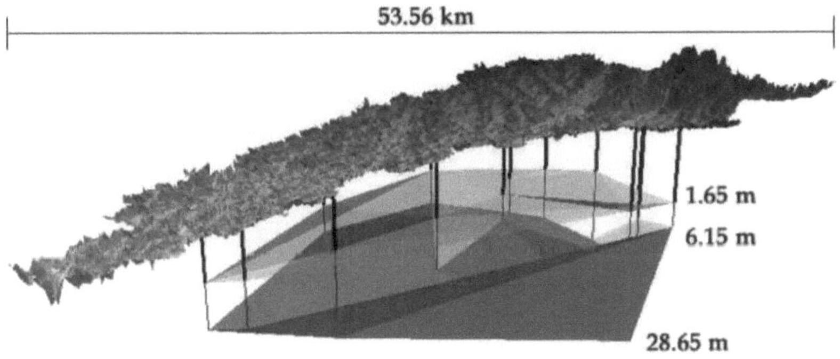

Volume saturado de água

Fig. 12 c. Visualização 4 D do nível de água pré-monção e pós-monção / GeoVolume (volume saturado de água) para o ano de 2006

Nível de água subterrânea pré-monção - pós-monção

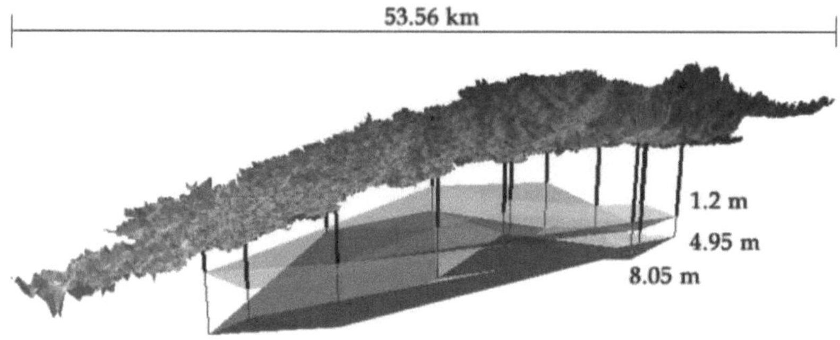

Volume saturado de água

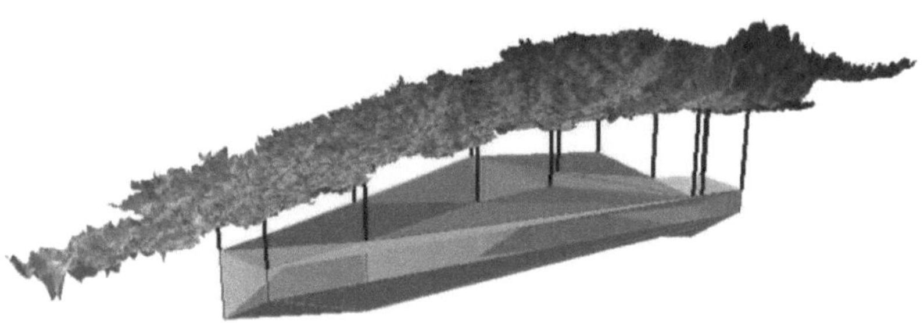

Fig. 12 d. Visualização 4 D do nível de água pré-monção e pós-monção / GeoVolume (volume saturado de água) para o ano de 2007

Nível de água subterrânea pré-monção - pós-monção

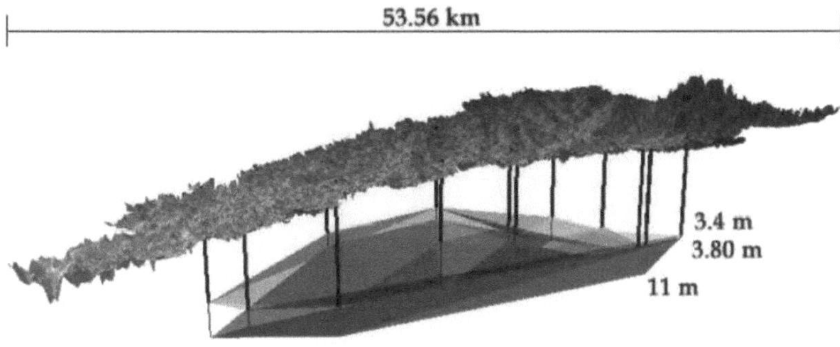

Volume saturado de água

Fig. 12 e. Visualização 4 D do nível de água pré-monção e pós-monção / GeoVolume (volume saturado de água) para o ano de 2008

Nível de água subterrânea pré-monção - pós-monção

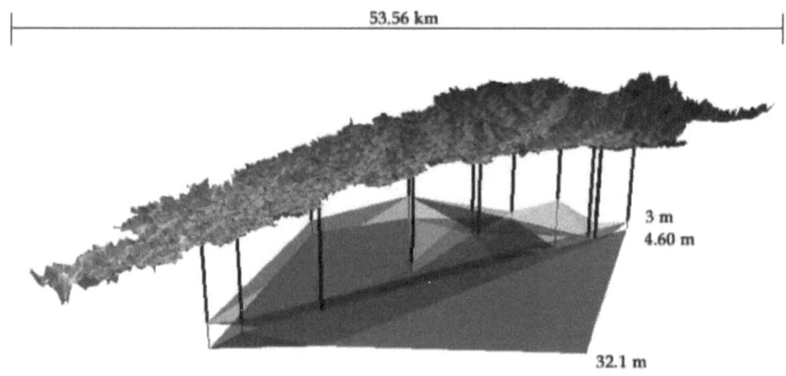

Volume saturado de água

Fig. 12 f. Visualização 4 D da pré-monção e pós-monção

-nível de água das monções / GeoVolume (volume saturado de água)

para o ano 2009

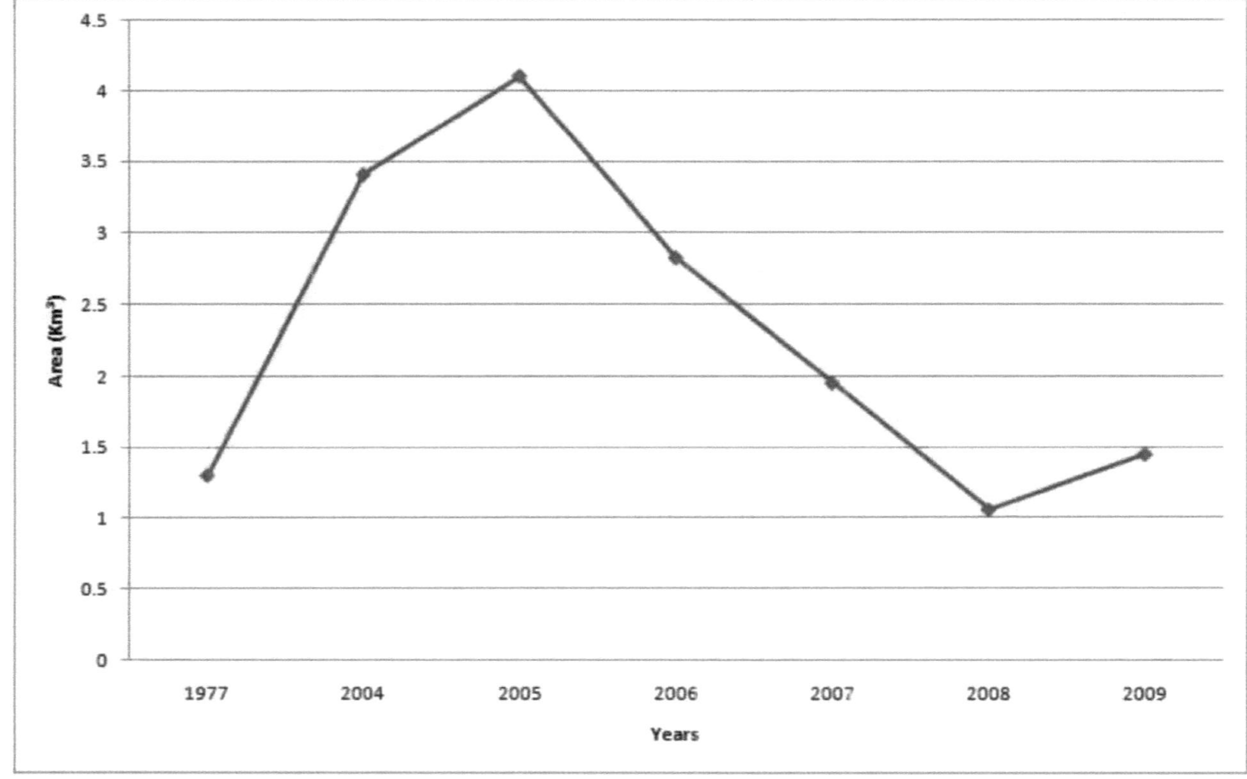

Fig. 13 Variação temporal do GeoVolume (volume saturado de água)

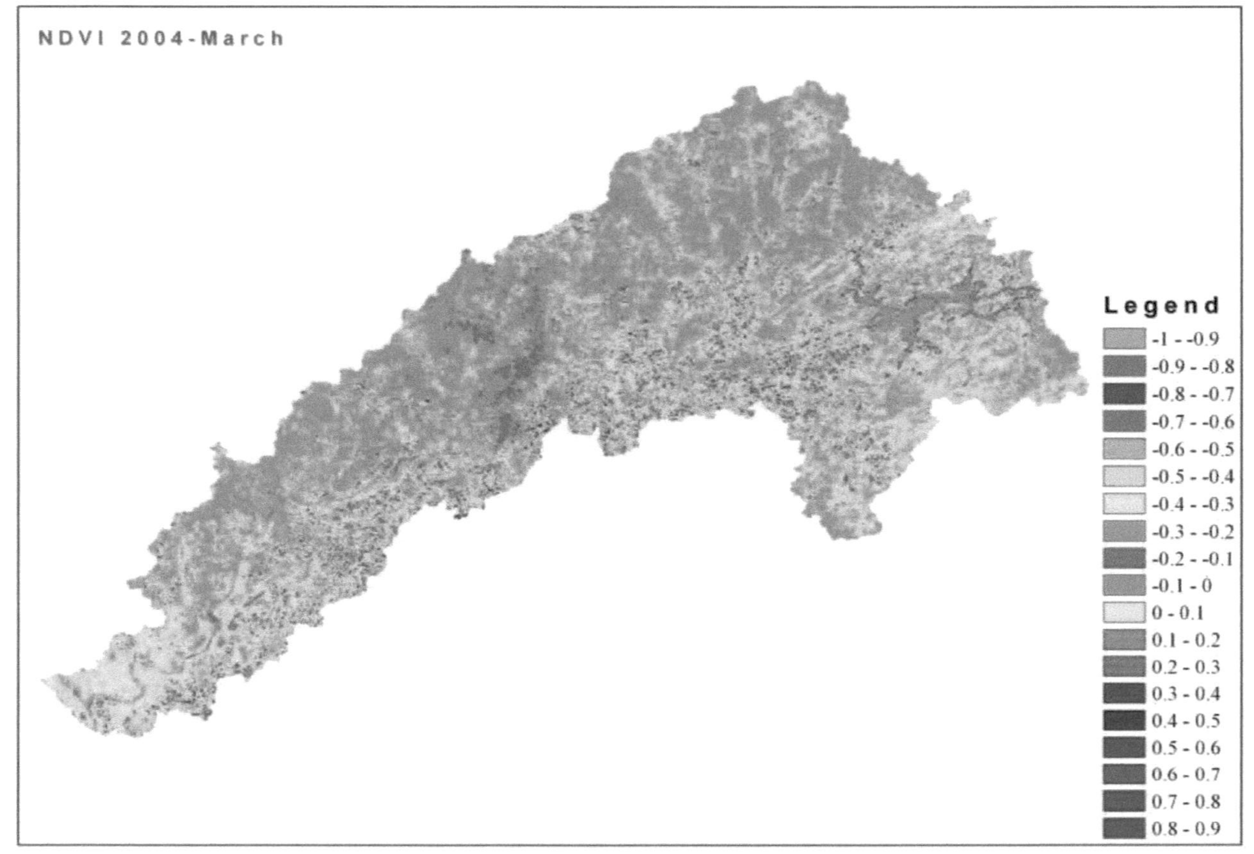

Fig. 14 a. Visualização 2-D da extensão da área agrícola utilizando valores NDVI (março de 2004)

Fig. 14 b. Visualização 2-D da extensão da área agrícola usando valores NDVI (outubro de 2004)

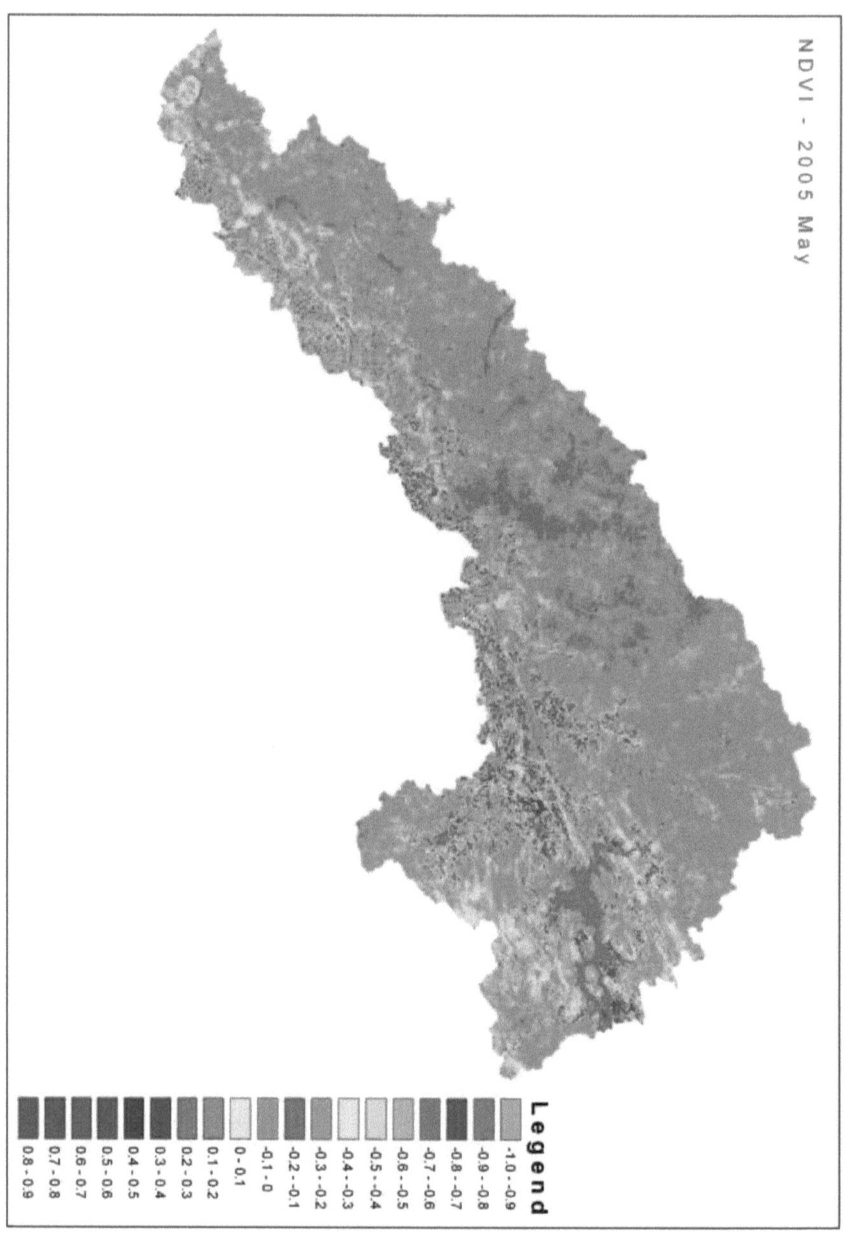

Fig. 14 c. Visualização 2-D da extensão da área agrícola utilizando valores NDVI (maio de 2005)

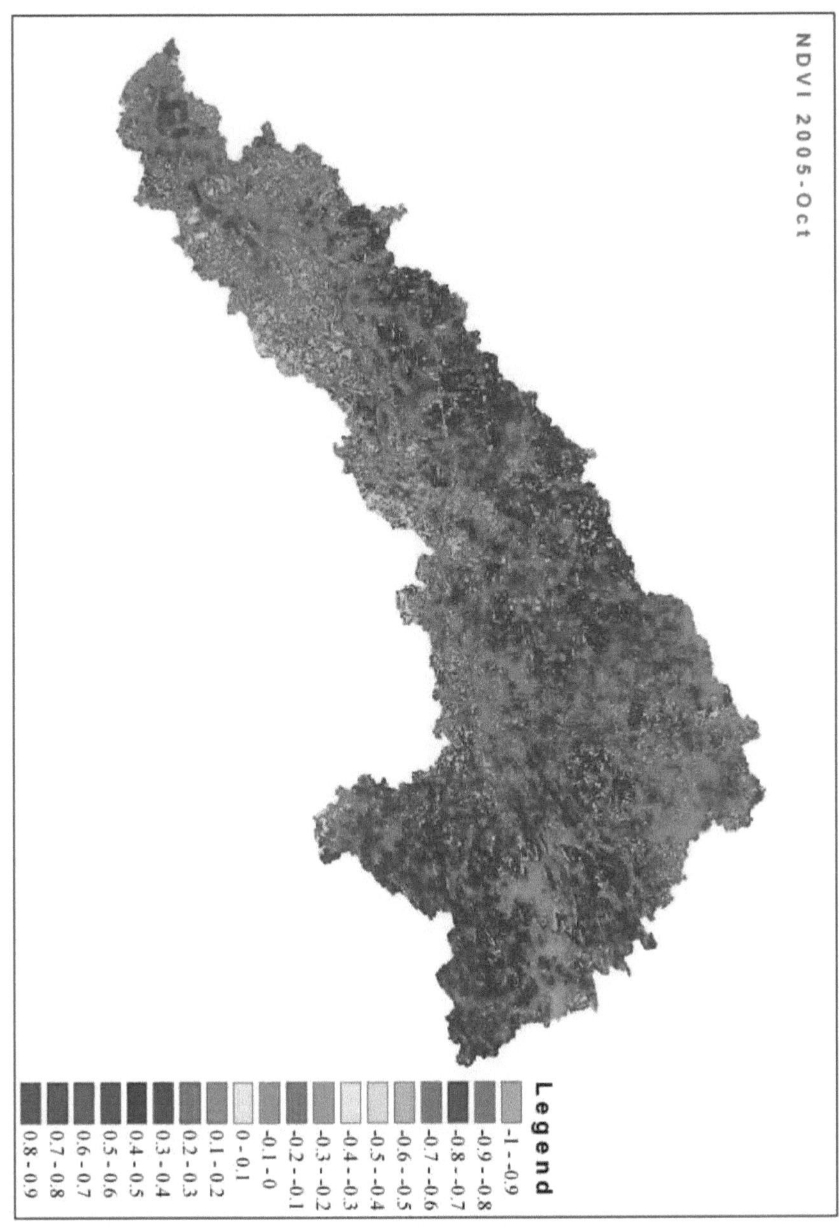

Fig. 14 d. Visualização 2-D da extensão da área agrícola utilizando valores NDVI (outubro de 2005)

Fig. 14 e. Visualização 2-D da extensão da área agrícola usando valores NDVI (outubro de 2007)

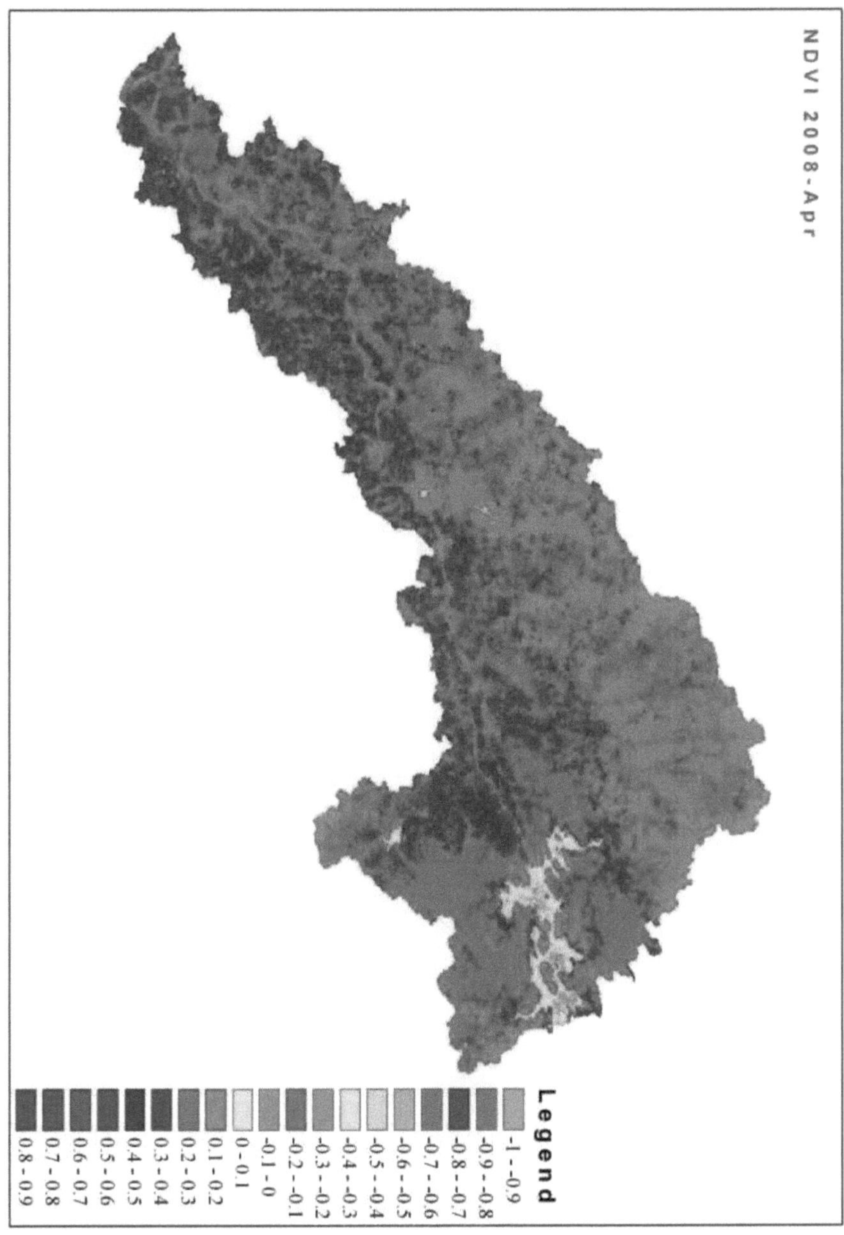

Fig. 14 f. Visualização 2-D da extensão da área agrícola utilizando valores NDVI (abril de 2008)

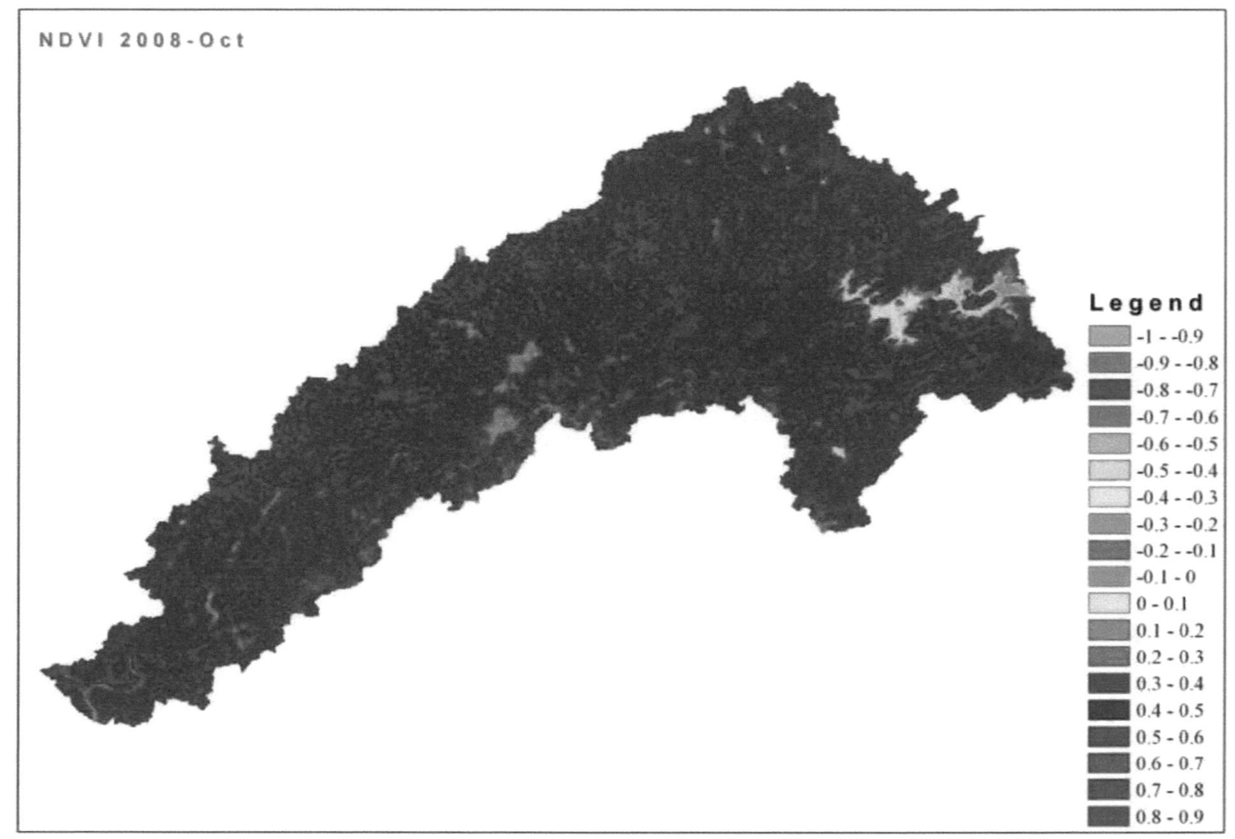

Fig. 14 g. Visualização 2-D da extensão da área agrícola usando valores NDVI (outubro, 2008)

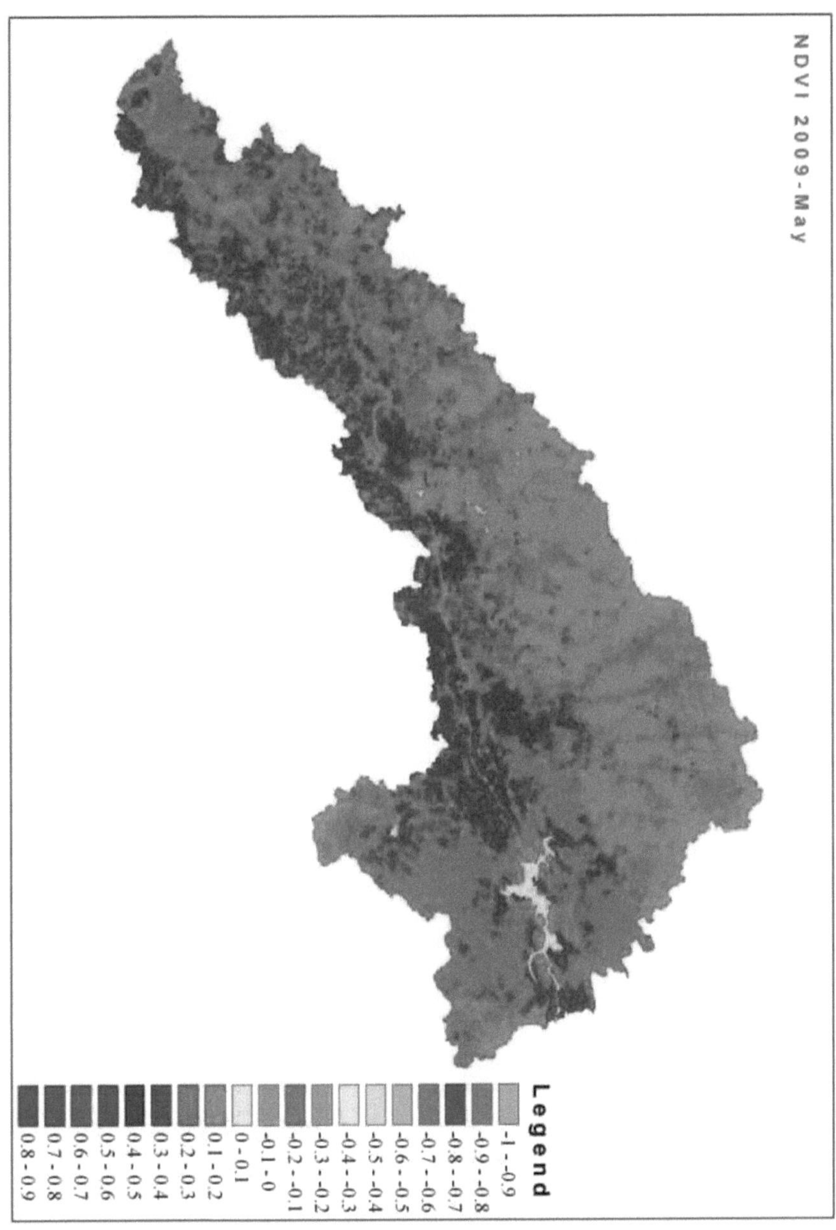

Fig. 14 h. Visualização 2-D da extensão da área agrícola utilizando valores NDVI (maio de 2009)

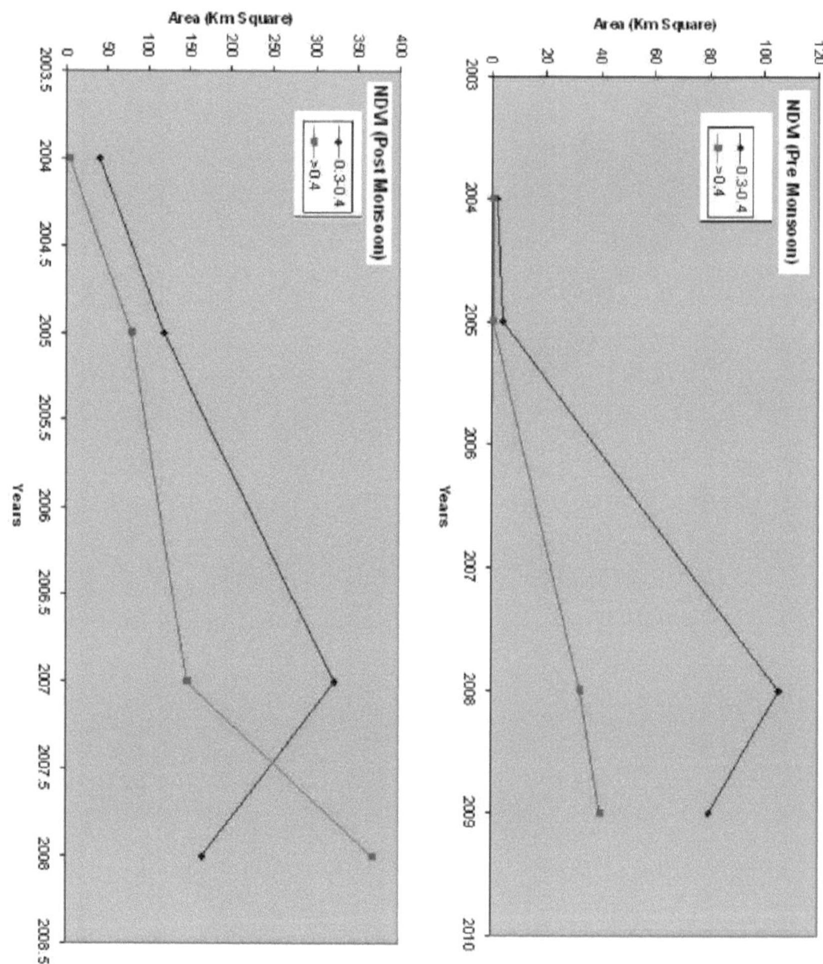

Fig. 15 Variação temporal da extensão da área agrícola utilizando o NDVI

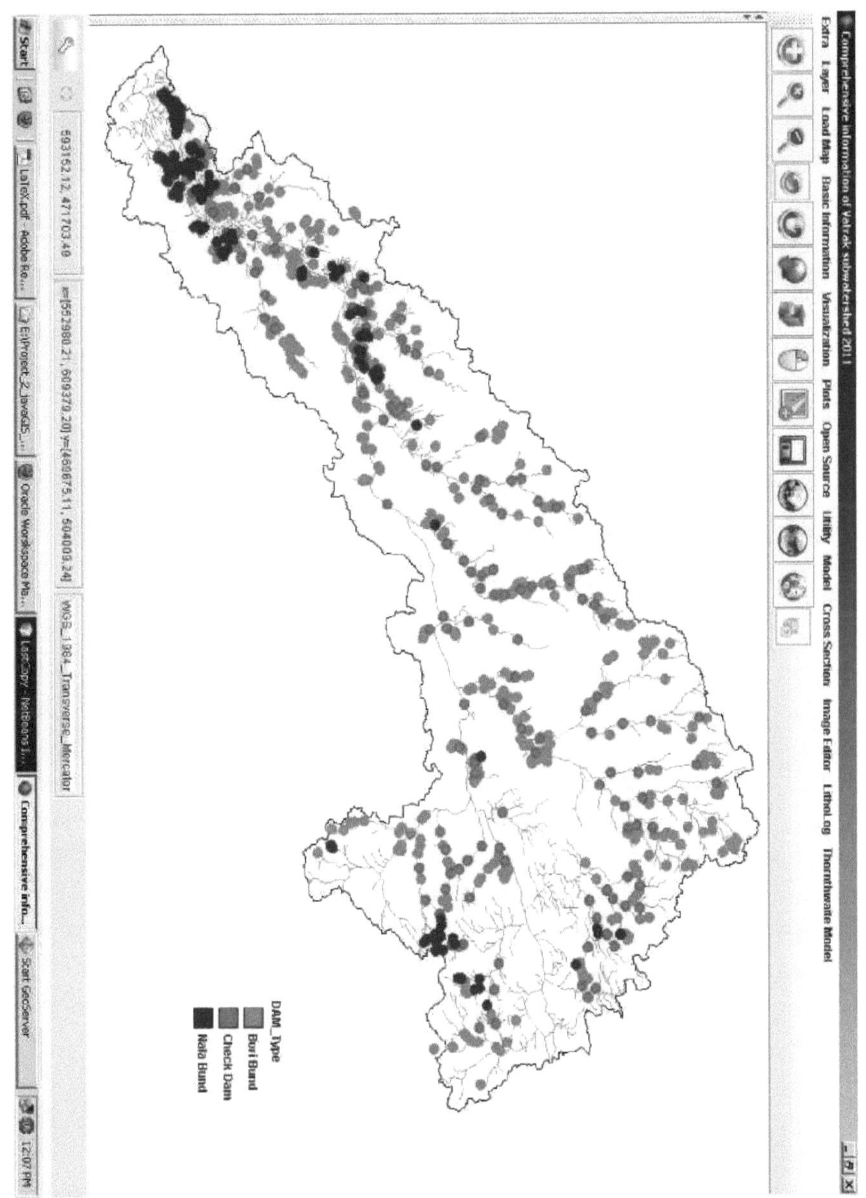

Fig. 16 Localização de locais para potencial estrutura de captação de água/ Visualização em 2-D e informação de qualidade dentro de sistemas baseados em água.

51

yes

I want morebooks!

Buy your books fast and straightforward online - at one of world's fastest growing online book stores! Environmentally sound due to Print-on-Demand technologies.

Buy your books online at
www.morebooks.shop

Compre os seus livros mais rápido e diretamente na internet, em uma das livrarias on-line com o maior crescimento no mundo! Produção que protege o meio ambiente através das tecnologias de impressão sob demanda.

Compre os seus livros on-line em
www.morebooks.shop

MIX
Papier aus verantwortungsvollen Quellen
Paper from responsible sources
FSC® C105338
FSC
www.fsc.org

Printed by Books on Demand GmbH, Norderstedt / Germany